ÜBER DIE

TEMPEL UND GRÄBER IM ALTEN ÄGYPTEN

UND

IHRE BILDWERKE UND INSCHRIFTEN.

VORLESUNG

GEHALTEN IN DER KAISERLICHEN UNIVERSITÄT

ZU STRASSBURG

AM XIX. NOVEMBER MDCCCLXXII

VON

PROFESSOR DR. JOHANNES DÜMICHEN.

STRASSBURG,
KARL J. TRÜBNER.

LONDON,
TRÜBNER & CO.
1872.

Verehrte Zuhörer!

Ein Ausspruch, dessen sich ein hochverdienter Forscher(1), bei Eröffnung seiner Vorlesungen an dieser Hochschule, in Bezug auf das Sanskrit bediente, lässt sich auch auf die Wissenschaft der Aegyptologie anwenden: Die so bedeutende Entwicklung, welche dieselbe seit ihrer Begründung genommen, giebt ihr das Recht, unter den akademischen Wissenschaften unseres Jahrhunderts Sitz und Stimme zu fordern. Nun, dieses Recht ist ihr an dieser Hochschule geworden, und ich bin so glücklich, der Erste zu sein, welcher von demselben Gebrauch machen darf, und so begrüsse ich Sie denn jetzt freudig, meine Herren, als Theilnehmer an einer Wanderung, die nach einem Lande gerichtet sein wird, das schon von Alters her ein Reiseziel vorzugsweise für solche war, die weniger zu ihrem Vergnügen, als vielmehr zu ihrer Belehrung reisten.

Wanderungen auf einem Gebiete sollen von uns unternommen werden, auf welchem die an der Reise Theilnehmenden einer Führung bedürfen werden, wie gut auch immer, vielleicht sogar die Mehrzahl von ihnen, an einzelnen Punkten dort orientirt sein mag, und mir nun ist der besondere Vorzug zu Theil geworden, für diese Wanderungen mich als Führer zur Disposition stellen zu dürfen.

Nicht würde ich es gewagt haben, eine solche Leitung zu übernehmen, hätte ich nicht geglaubt, in dem Lande, in welchem diese Wanderungen ausgeführt werden sollen, genügend orientirt zu sein, um die Mitreisenden zu den Sehenswürdigkeiten desselben führen, und diese ihnen auch, wenigstens zum grössten Theil, wie ich hoffe, erklären zu können.

Beseelt von dem Wunsche, zur Erforschung des alten Aegyptens mit beitragen zu helfen, hatte ich es mir zur Aufgabe gemacht, mich nicht blos aus den Forschungen Anderer, sondern auch möglichst aus eigener Anschauung über dasselbe zu unterrichten, und zu diesem Zwecke wiederholt einen längeren Aufenthalt im Nilthale nehmend, war ich während dieser Zeit darauf bedacht, nicht blos den in Aegypten befindlichen Denkmälern, sondern auch den dem alten Aethiopien angehörenden Monumenten ein möglichst eingehendes Studium zu widmen, und da es mir gelang, meine Reisen in dem südlich an Aegypten stossenden Gebiete bis hinauf in die Steppen am Atbara und Baȟr el-azrak, also noch etwa 200 deutsche Meilen südwärts vom Wendekreise auszudehnen, so bin ich in der Lage, auch über die bisher nur von Wenigen besuchten Monumente in dem südlichsten Theile des alten Aethiopenreiches aus eigener Anschauung reden zu können.

Wenn ich es also gewagt, dem mir gewordenen Rufe Folge zu leisten, wenn ich es gewagt, das an dieser Hochschule mir zugewiesene Amt, welches heute anzutreten ich die Ehre habe, das Amt eines Führers durch das alte Aegypten zu übernehmen, so geschah dies, weil ich glaubte, mich der Hoffnung hingeben zu dürfen, denjenigen, welche sich bei ihren ägyptischen Wanderungen meines Rathes bedienen wollten, ein des Weges nicht unkundiger Führer sein zu können.

Die Nordostecke desjenigen Welttheils, über welchen, was auch immer in Zukunft geschehen mag, sich niemals unserem Erdtheile gleich die Kultur erstrecken wird, welchen niemals in seiner ganzen Ausdehnung civilisirte Nationen bewohnen werden, weil er, wie keiner der übrigen Welttheile, abgeschlossen und unzugänglich, unwirthsam an seinen Küsten und unwirthsamer noch in seinem Innern, woselbst in seinen unabsehbaren, zwar hie und da durch Oasen belebten, aber auch zum grossen Theile gänzlich wasserlosen Sand- und Felsenwüsten, so zu sagen, der Tod mit schrecklich geöffnetem Rachen lauert, wo sengende Winde und eine verzehrende Sonnenglut dort ebenso, wie in der der Wüste folgenden Steppe, als unvermeidliche Reisebegleiter sich einstellen, und wo in Wüste und Steppe, wie nicht minder in dem in üppiger Vegetation prangenden Urwalde, durch das Klima alljährlich sich neu erzeugende Krankheiten dem vordringenden Wanderer entgegentreten, ihn zur Umkehr nöthigend oder vernichtend — die Nordostecke dieses Welttheils ist es, in der wir, einzelne Ausflüge in das benachbarte Asien und nach den Küsten und Inseln des Mittelmeeres abgerechnet, uns vorzugsweise aufhalten werden.

Dort zieht sich, die brausenden Wogen des Meeres im Norden, die schaumzischenden Wasser eines donnernden Katarrhakts im Süden, und öde, sonnenverbrannte Felsen zwischen den lautlosen Sandwellen der Wüste im Osten und Westen, zu beiden Seiten eines mächtigen, alljährlich das Land durch seine überfluthenden Gewässer befruchtenden Stromes, jenes wunderbare Thal hin, in welchem von den eben angedeuteten Schrecken Afrika's absolut nichts zu finden ist, sondern das im Gegentheil durch sein Klima und eine unverwüstliche Urkraft seines Bodens eins der gesegnetsten Länder der Erde, ein Land, welches mit seinen vom Gelb der angrenzenden Wüste im Smaragdglanz sich abhebenden Fluren, mit seinen hochragenden Palmen und weitschattigen Sykomoren, seinen melancholisch dunklen Olivenhainen und hellleuchtenden Akazienbüschen, mit seinen von Jasmin und Rosenduft durchwürzten Hecken wie ein üppig sprossender Garten uns erscheint, eine ungemein liebliche Landschaft, in der wir an jedem Morgen und Abend, wenn des Orients zauberhaftes Licht sie durchglüht, immer wieder neue Reize entdecken.

Doch in wie lieblichen Bildern auch immer Aegypten unseren Blicken sich zeigt, wie sehr auch immer uns da entzückt die Pracht seines sonnendurchglänzten Farbenkleides, in welches es an jedem Morgen und Abend sich hüllt, so ist doch nicht die Schönheit der Natur dort grade das vorzugsweise uns Fesselnde, sondern was uns Aegypten so überaus interessant macht, und wodurch es einzig in seiner Art dasteht, das sind seine Monumente, und diese wiederum erregen desshalb vor anderen in so hohem Grade unser Interesse, weil sie uns den Boden, auf dem sie stehen, als den Punkt bezeichnen, wo auf der Erde das erste Wurzelschlagen einer höheren Kultur wahrzunehmen uns vergönnt ist.

Die steinernen Grabeszelte der alten Könige von Memphis, die am Rande der libyschen Wüste sich erhebenden Pyramiden, das sind die ersten Meilensteine auf dem langen Wege der monumental geschichtlichen Forschung. Von da an beginnen die Denkmale, durch welche das Volk oder der einzelne von seinem Dasein und Wirken das sichere und klare Zeugniss der Nachwelt überliefern will, so dass wir die Kultur nun nicht mehr blos im Spiegel der Einbildungskraft erblicken oder aus Sprache und Sage uns enträthseln, sondern, wie ein namhafter Kunsthistoriker so treffend bemerkt[2]), wir nunmehr die unveränderbar feste reale Darstellung des Geschehenen als solche haben. Das Land liegt vor uns wie ein Buch, dessen steinerne Riesenlettern, dessen sinnige Bildwerke uns das Leben ferner Jahrtausende verkündigen.

Ja, im Nilthale, meine Herren, vom Hafen der alten Alexanderstadt bis zum Katarrhaktenthor von Syene, und über Aegyptens engere Grenzen hinaus, in dem unteren und oberen Nubien, da stehen sie in langen Reihen, jene ehrwürdigen, auf die ältesten Zeiten der Menschengeschichte hinweisenden Marksteine, da stehen sie, zu beiden Seiten der grossen Wasserstrasse, jene bewundernswerthen Monumente mit ihrem seltsamen Bilder- und Inschriftenschmuck, und sie alle, die Tempelwände und Grabkammern, Pyramiden und Obelisken, Säulen und Architrave, Grabstelen und Sarkophage, Königskolosse und Götterbilder, auf Stein und Papyrus verzeichnete Urkunden, diese zuverlässigen Berichterstatter des ältesten geschichtlichen Lebens, die ein so beredtes Zeugniss ablegen von der grossen Vergangenheit, der sie einst ihre Entstehung verdankten, sie erzählen uns, dass Jahrtausende vorher, ehe Rom und Griechenland, auch lange vorher noch ehe Meder und Perser, ehe Israël und Phönizien, Assyrien und Babylon ihre Mission in der Weltgeschichte antraten, ein in Künsten und Wissenschaften hochgebildetes Volk im Nilthale einst eine Wirksamkeit entfaltete, durch welche es nicht blos alle seine Zeitgenossen weit überragte, sondern auch bis in die späteste Nachwelt noch einen unverkennbaren Einfluss ausübte unter den nach immer höheren Zielen ringenden Geschlechtern. — Erweisen sich doch, um in dieser Hinsicht nur dies eine hier zu erwähnen, Hebräismus und Hellenismus, die wiederum als zwei Hauptfaktoren unserer Civilisation sich geltend machten, ich will nicht sagen, als eine unmittelbare Weiterführung der altägyptischen Geistesarbeit, wohl aber als an sie anknüpfend und vielfach mit ihr in innigem Zusammenhange stehend.

Und welches Land auch ist es denn gewesen, in dem einst Kunst und Wissenschaft des Alterthums in jenen Zeiten des hereinbrechenden Verfalls eine Zufluchtstätte fanden, woselbst nochmals zu einer üppigen Entfaltung zu gelangen, ihnen vergönnt war? Wie hiess die Stadt, in welche damals Künstler und Gelehrte sich retteten, um dort unter Schutz und Unterstützung einer über unermessliche Reichthümer gebietenden Regierung in rühriger Thätigkeit auf den verschiedenen Gebieten der Kunst noch einmal eine glänzende Wirksamkeit zu entfalten und in emsigem Fleisse die von früheren Jahrtausenden angesammelten Schätze der Erfahrung und des Denkens aufzuspeichern? Die jüngste unter den Residenzen der altägyptischen Herrscher, die nach dem Verfalle von Memphis und Theben an der Mittelmeerküste erstandene Weltstadt Alexandrien war dazu berufen, dass Kunst und Wissenschaft des Alterthums noch einmal dort vor ihrem Erlöschen hell aufflammen sollten.

„Es giebt wenige aussereuropäische Länder“, um eines Ausspruches mich hier zu bedienen, den ein hervorragender Staatsmann und geistvoller Schriftsteller über Aegypten gethan[3]), „wenige aussereuropäische Länder, die eine solche Anziehung auf den Geist, einen solchen Zauber auf die Seele ausüben wie Aegypten. Wenn die Geschichte den Boden adelt, dann gehört das Thal des Niles zu dem urältesten Adel der Länder unseres Erdballs. Als Hellas, noch im Nebel der Mythe, kaum begann in dem Leben der Nationen aufzutreten, als am Palatin und Aventin nach Evander's Rinder weideten, da hatte das ägyptische Reich bereits eine Geschichte von mehreren Jahrtausenden zurück gelegt und die Pyramiden von Giseh zählten schon weit über ein Jahrtausend, als der Patriarch Abraham in das Aegypterland kam. — Ehrwürdig durch sein Alter, angesehen durch seine starke staatliche Organisation, weithin berühmt durch seine Leistungen in Kunst und Wissenschaft, übte das am Angelpunkte dreier Welttheile gelegenen Aegypten eine mächtige Anziehungskraft auf seine Nachbaren aus“. Die Weisesten unter den Weisen des Alterthums führte ein Zug der Wahlverwandtschaft nach dem Nilthale, um dort in den Collegien einer in dem Rufe hoher Gelehrsamkeit stehenden Priesterschaft ihre Kenntnisse zu erweitern. — Ob nun, wie neuerdings von einem unserer bedeutendsten Kenner des ägyptischen Alterthums diese Ansicht ausgesprochen worden[4]), die altägyptische Weisheit vorzugsweise eine auf rein praktischer Erfahrung begründete Lehre von dem objektiven Sein der Dinge, ohne jeden idealen Beigeschmack, ohne jede philosophische Unterlage gewesen, ob die vielgepriesene Weisheit

Aegyptens vorzugsweise darin bestanden, einfache Erfahrungen dieser Art in reichem Maasse zu sammeln und praktisch dieselben im gegenseitigen Verkehre miteinander als Lebensregeln zu verwerthen, das wage ich hier nicht zu entscheiden, wiewohl das Studium der Denkmäler und Inschriften uns in der That bisher immer mehr altägyptische praktische Erfahrungen als tiefe Weisheit enthüllt hat. Wie dem aber auch sein mag, die Berichte des klassischen Alterthums spenden einstimmig dem Volke der alten Aegypter das höchste Lob und rühmen es als ein in allen Richtungen ihrer geistigen Bestrebungen vorzügliches. Altägyptische Kunstwerke an Ort und Stelle studiren und von dem durch sein Wissen, seine vortrefflichen Gesetze und praktischen öffentlichen Einrichtungen ausgezeichneten Volke lernen zu können, erachteten selbst die bedeutendsten Geister des fein gebildeten Hellas für einen hohen Gewinn, und wie man auch in der späteren Römerzeit noch einen besonderen Werth darauf legte, in Aegypten gewesen zu sein und von den Wunderwerken desselben aus eigener Anschauung reden zu können, das beweisen die zahlreichen aus jener Zeit datirenden Aufschriften, welche sich an ägyptischen Monumenten, wie in den thebanischen Königsgräbern, im Isistempel auf Philac und namentlich an der sogenannten singenden Memnonsstatue finden.

Dieses Land, meine Herren, welches des Interessanten und Lehrreichen so Vieles bot und noch bietet, in welchem, an der Hand der Denkmäler, sich uns eine Fernsicht bis an den äussersten Horizont der Menschengeschichte eröffnet, wie sie sonst nirgends das spähende Auge vor sich hat, welches, mit seiner durch Monumente und Papyrusurkunden uns verbürgten Geschichte, „über das geschichtliche Leben aller übrigen Völker, wie ein weit vorgeschobenes Vorgebirge in das Nebelmeer der ältesten Vorzeit hinausragt,“ [5]) und zwar als ein Vorgebirge, das wir heute schon nicht mehr blos aus weiter Ferne in seinen äussersten Umrissen zu erkennen vermögen, sondern, nach welchem hin der Forschung es gelang, auf glücklich gelenkter Fahrt den Weg zu finden, dieses Land, in welchem wir nun, von den Monumenten geleitet, wie nirgend wo anders so weit nachgehen können der im Laufe von Jahrtausenden vollzogenen Arbeit des Menschengeistes, dessen Verwaltung, Gesetze und öffentliche Einrichtungen einst so berühmt waren, und auf dessen klassischem Boden einst Kunst und Wissenschaft in so hervorragender Weise gepflegt wurden, dass eine Reise dorthin für einen Lykurg und Solon, einen Thales, Pythagoras und Plato, einen Demokrit und Eudoxus ein Bildungsziel war und von dem ein Herodot, nachdem er es durchwandert hatte, sagen konnte: „dass es mehr Wunder enthalte als irgend ein Land in der Welt“, dieses Land, meine Herren, in welchem sich nach allen Seiten hin der Forschung und zwar keineswegs blos der altägyptischen ein so weites und dankbares Feld aufthut, es verdient in hohem Grade, dass Sie ihm Ihre Beachtung zuwenden.

Zeigt es sich doch, je weiter wir in der Erkenntniss der von dem Volke der alten Aegypter durchlebten Kulturepoche vordringen, immer mehr und mehr, von wie hohem Werthe die Ergebnisse der ägyptischen Forschung auch für so manche andere Wissenschaft sind, deren Vertreter sehr ihren Vortheil verkennen, und sich ein von ihnen unterschätzes Hülfsmittel entgehen lassen, wenn sie es versäumen, mit den von der Aegyptologie gewonnenen Resultaten sich vertraut zu machen.

Das Streben, über Aegyptens grosse Vergangenheit sich Belehrung zu verschaffen, ist ausserdem in Gegenwart ein um so mehr berechtigtes, als wir heute wieder in der bevorzugten Lage sind, diese Belehrung aus directen Quellen schöpfen zu können, denn die Geschichte unseres thatkräftigen und namentlich auch im glücklichen Finden und Erfinden sich so hervorthuenden, an folgenreichen Entdeckungen aller Art ausgezeichneten Jahrhunderts hat ja, wie Sie wissen, auch in Bezug auf das alte Aegypten über einen Fund zu berichten, den man mit Recht als einen überaus glücklichen, durch eine der glänzendsten Thaten des Menschengeistes erworbenen bezeichnet hat, den Fund des Schlüssels zum Verständniss der Hieroglyphenschrift.

Die Wiedergewinnung einer Sprache, meine Herren, in der verfasst eine so reiche Literatur, wie die altägyptische uns überliefert worden, doch vorliegend in einer Schrift, die in keinem ihrer Elemente bekannt war, in einer Schrift, von der man nicht einmal wusste, ob die einzelnen Zeichen ganze Worte, Silben oder Buchstaben bedeuten sollten; die Wiedergewinnung dieser Sprache, welche länger als ein Jahrtausend mit einem undurchdringlichen Schleier verhüllt gewesen, der, nun gehoben, auf einmal eine schon fast vergessene Welt mit dem ganzen Reichthum ihrer Gedanken und Erinnerungen uns vorführte, eine über mehrere Jahrtausende sich erstreckende Geschichts- und Kulturepoche und das während dieser Epoche an der Spitze der Civilisation stehende Volk, mit allem, was es einst durchlebt, was es geliebt und gepflegt, wonach es gestrebt und was es errungen, vor unseren überraschten Blicken erscheinen liess, die Wiedergewinnung dieser Sprache durch das Eindringen in das Verständniss ihrer so complicirten Schrift, die als eine dreifache, aber auch dreifach unbekannte, vorlag, — als die Bilderschrift der Hieroglyphen, die auf den Monumenten angewendete, die aus der Abkürzung dieser Bilder entstandene Bücherschrift, die sogenannte hieratische, und die noch mehr abgekürzte, im Verkehr des bürgerlichen Lebens gebräuchliche, erst spät entstandene und von der ursprünglichen Hieroglyphenschrift schon so weit sich entfernende, dass es bei einzelnen Zeichen selbst schwer hält, ihnen die entsprechenden hieroglyphischen Formen, aus denen sie hervorgegangen, gegenüber zu stellen, mit Recht darf diese für die Wissenschaft so folgenreiche Wiedergewinnung der altägyptischen Sprache eine der glänzendsten Thaten des Menschengeistes genannt werden.

Welch ein weites Gebiet der Forschung hat sich durch sie vor uns aufgethan, und welche überraschende Aufschlüsse sind uns nicht schon durch sie geworden! Unsere Kenntniss der Geschichte der Menschheit hat sie um einen Abschnitt von mehreren Jahrtausenden erweitert und auf manche, bis dahin in völliges Dunkel gehüllte Epoche ein helles Licht geworfen. Für die ersten Jahrtausende der Weltgeschichte werden die Stein- und Papyrusurkunden Aegyptens in alle Zeiten die vornehmlichsten, uns Aufschluss gewährenden Berichterstatter bleiben, und für die späteren Jahrhunderte, in denen die ägyptische Geschichte mit der israëlitisch-phönizischen, assyrisch-babylonischen, medisch-persischen und griechischen sich berührt, werden ebenfalls die in der ägyptischen Sprache auf uns gekommenen Ueberlieferungen stets von hohem Werthe sein. Wie die in ihr verfassten historischen Berichte so manche werthvolle Notiz uns bringen über die eben genannten Nachbarreiche in Vorderasien und über die Küsten- und Inselbewohner des Mittelmeeres, in Bezug darauf könnte ich Ihnen eine Menge von Stellen aus den Inschriften anführen, doch möge mir hier nur gestattet sein auf ein paar durch das Studium der Denkmäler gewonnene Angaben hinzuweisen. So erscheint zum Beispiel schon in Inschriften, welche dem 17. Jahrhundert vor unserer Zeitrechnung angehören, unter den von dem kriegerischen Thutmosis unterworfenen Ländern auch die Insel Cypern als an Aegypten Tribut zahlend[6]), eine Notiz, welche für die richtige Beurtheilung der maritimen Machtstellung Aegyptens in jener frühen Zeit, gegenüber den Inseln des Mittelmeeres, von hoher Wichtigkeit ist, und ein paar Jahrhunderte später, also immer noch zu einer Zeit, in der wir die nachmals zu so Grossem auserkorenen griechischen Geschlechter kaum noch als nebelhaft verschwommene Gestalten am äussersten Hintergrunde der ältesten Geschichte zu erkennen vermögen, da begegnen uns wieder in ägyptischen Inschriften schon unter den dort aufgeführten Mittelmeervölkern: die Sarden und Siculer, die Etrusker, Achäer und Lycier, als Bundesgenossen der Libyer, in einem gegen Aegypten unternommenen Angriff, der mit der Unterwerfung der verbündeten Nachbaren endete[7]), und noch etwas später, etwa um die Zeit des trojanischen Krieges, in den von Rampsinit geführten Seekämpfen, da treten neben den Dardanern, wie es scheint, auch die Teucrer und Pelasger auf, und wie ich, nach einigen im Tempel von Medinet-Habu von mir kopirten Inschriften geneigt bin anzunehmen, auch mehrere damals in Süditalien und an der Nordafrikanischen Küste sesshaften Völker, wie eine Menge von kleinasiatischen Stämmen und Städten[8]). – Unter dem Titel: „die Flotte einer ägyptischen Königin aus dem 17. Jahrhundert vor unserer Zeitrechnung“, habe ich vor einigen Jahren eine Reihe altägyptischer Denkmäler veröffentlicht, die als ein Beitrag zur Geschichte der Schiffahrt und des Handels im Alterthum von hohem Werthe sind, und aus denen hervorzugehen scheint, dass auch in Bezug auf den Schiffsbau die alten Aegypter die ersten Lehrmeister im Alterthum waren und dass sie keineswegs, wie man bisher annahm, sich lediglich auf die Flussschifffahrt beschränkt, denn in jenen Darstellungen wird uns unter Anderem vorgeführt: die Fahrt einer wohlausgerüsteten ägyptischen Flotte über das rothe Meer, das Landen und Belasten derselben an der jenseitigen Küste und ihre glückliche Rückkunft in die Heimath[9]). — Auch Urkunden, in der altägyptischen Sprache verfasst, sind auf uns gekommen, die als in historischer Gleichzeitigkeit mit den in der heiligen Schrift uns aufbewahrten Ueberlieferungen stehend, der alttestamentlichen Exegese so manchen werthvollen Beitrag liefern, wie dies in Bezug auf Genesis und Exodus kürzlich Professor Ebers in zwei besonderen Werken: „Aegypten und die Bücher Mose's“ und „durch Gosen zum Sinai“ gezeigt hat.[10])

Die Wiedergewinnung dieser Sprache, meine Herren, die uns eine solche Fülle der interessantesten Aufschlüsse gewährt und so nach den verschiedensten Richtungen hin uns Stoff zum Nachdenken giebt, mit deren Hülfe wir dem Mühen und Ringen des Menschengeistes, seinem Streben nach immer höheren Zielen, seinem rastlosen Wirken und Schaffen in den verschiedenen Entwicklungsstadien während eines vordem fast gänzlich uns verschlossen gewesenen Zeitraumes von mehreren Jahrtausenden, auf neuen lichtvollen Bahnen nachgehen können, wohl verdient sie eine der herrlichsten wissenschaftlichen Entdeckungen unseres Jahrhunderts genannt zu werden.

Dieser Entdeckung hier Erwähnung zu thun, durfte ich schon deshalb nicht unterlassen, weil ohne dieselbe ich ja überhaupt wohl nicht in die bevorzugte Lage gekommen sein würde, Sie heute, meine Herren, als Theilnehmer an einer Wanderung durch das alte Aegypten begrüssen zu können, denn unser Wissen von dem alten Aegypten würde ohne dieselbe auch heute noch nicht eine auf so sicherer Basis ruhende Wissenschaft sein, dass Grund vorhanden gewesen wäre, der ägyptischen Forschung an dieser Hochschule eine Stätte zu bereiten. Ohne Kenntniss der Sprache, in welcher die altägyptischen Denkmäler zu uns reden, würden wir in Bezug auf das alte Aegypten auch heute noch lediglich angewiesen sein auf die spärlichen Aufschlüsse der heiligen Schrift, auf die ungenauen und unvollständigen ja zum Theil entstellten und geradezu gänzlich falschen Nachrichten, welche das klassische Alterthum über Aegypten bringt, und die noch weniger Zuverlässiges gebenden Notizen, die sich gelegentlich bei arabischen und christlichen

Autoren über Aegypten finden, ohne sie würde auch heute noch die Forschung sich vorzugsweise auf Vermuthungen und Combinationen beschränken müssen, die, wie geistreich und scharfsinnig auch immer, doch mehr oder weniger zumeist nur jenen Nebelbildern gleichen, über die man bei ihrem unerwarteten Erscheinen vielleicht entzückt ist, die aber schon im nächsten Augenblicke wieder in Nichts verschwunden sein können.

Nun, meine Herren, aus diesem Stadium ist, wie Sie wissen, die Aegyptologie herausgetreten, seitdem es ihr gelungen, sich den Eingang zu erzwingen zu dem verzauberten Palaste, vor welchem die geheimnissvolle Sphinx mit ihrem unlösbaren Räthsel lag, unerbittlich Alle zurückweisend, weil Niemand im Stande war, die von ihr aufgegebenen Fragen zu beantworten. — Sie wissen es, meine Herren, das Räthsel wurde gelöst. — Wie von einem Zauberschlage getroffen, sprangen die Riegel zurück an den so lange verschlossen gewesenen Pforten, um nunmehr geöffnet zu bleiben für alle Zeiten. — Nicht gering ist die Zahl derer, welche seitdem dort eingetreten, und vieles wurde von ihnen daselbst gefunden, was bereits ein kostbares Gemeingut der Wissenschaft geworden, doch noch manche verschlossene Thür, noch manches verborgene Souterrain giebt es in dem Innern des geheimnissvollen Baues. — Helfen Sie, meine Herren, dieselben öffnen, helfen Sie die hier und da uns noch den Weg versperrenden Hindernisse in dem weiten, noch in so manchem seiner vielverschlungenen Gänge zu ergründenden Labyrinthe hinwegräumen, nehmen Sie Theil an dem bisher mit ebensoviel Eifer als glücklichem Erfolg unternommenen Durchsuchen aller der Räume, die bereits uns zugänglich geworden, in denen aber noch so mancher Schatz verborgen liegt, den hervorzuholen, und für die Wissenschaft nutzbar zu machen, wir die Pflicht haben.

„Es ist weder deutsche Art, sich hochmüthig oder selbstgenügsam gegen Aussen abzusperren, noch deutsche Weise, undankbar die aus der Fremde empfangene Anregung zu vergessen.“ Mit diesem Ausspruche meines hochverehrten Herrn Collegen Springer in der Ihnen bekannten Festrede würde es nicht im Einklange stehen, wollte ich beim Beginn unserer altägyptischen Wanderungen der hohen Verdienste Frankreichs um die ägyptische Alterthumsforschung Erwähnung zu thun versäumen, ich würde nicht nach deutscher Weise handeln, wenn ich jetzt nicht Gelegenheit nehmen wollte, mit freudig dankbarer Anerkennung auszusprechen, dass Frankreichs Genius es war, der zuerst den Weg gefunden, auf welchem heute die ägyptische Forschung, ihre unantastbaren Resultate ziehend, sicheren Schrittes vorwärts geht, dass von Frankreich die erste grosse Anregung zu dem wieder neu aufgenommenen und mit so herrlichen Erfolgen gekröntem Studium der ägyptischen Denkmäler ausgegangen, dass in Frankreichs Hauptstadt es war, wo man zuerst der jungen Wissenschaft eine Stätte bereitete, an der der hochverdiente Begründer derselben, François Champollion, seine Wirksamkeit entfalten sollte. Sie wissen es, meine Herren, wie diese Wirksamkeit leider nur von so kurzer Dauer war, wie im März des Jahres 1832 der gelehrten Welt die Trauerbotschaft von dem frühen Tode des Mannes wurde, dessen der Wissenschaft geleistete Dienste sein berühmter Landsmann und Zeitgenosse Chateaubriand in gerechter Bewunderung mit den Worten charakterisirte: „Ses admirables travaux auront la durée des monuments qu'il nous a fait connaître.“ Auf ihn, den Ahnherrn unserer Wissenschaft, findet so recht das arabische Sprichwort seine Anwendung: el-fadl lil-mubtedî wa-in absen el muktedî, „das Verdienst dem Begründer, wenn auch der Nachfolger es besser machen sollte“. Und wie in Bezug auf dieses Bessermachen auch da wiederum man in Frankreich sich die Förderung unserer Kenntniss des ägyptischen Alterthums hat wesentlich angelegen sein lassen, auch das ist noch von Niemandem in Abrede gestellt worden, sondern jederzeit vielmehr hat man mit dankbarster Anerkennung hervorgehoben, wie ein so beträchtlicher Antheil bei diesem Werke der Förderung grade auf französische Gelehrte kommt, und am allerwenigsten kann ich, einer der begeistertsten Verehrer Champollion's, der ich aus seinen und seiner Nachfolger Meisterwerken, und namentlich aus denen meiner beiden hochverehrten Herren Collegen de Rougé und Chabas so vielfache Belehrung, so reichen Genuss und immer wieder neue Anregung bei meinen Studien geschöpft, am allerwenigsten kann ich Frankreichs Verdienste um die Aegyptologie gering anschlagen wollen. Dem wohlverdienten Ruhme Frankreichs auf wissenschaftlichem Gebiete wollen wir gewiss nichts fortnehmen, glauben aber auch getrost es aussprechen zu dürfen, dass bei der so bedeutenden Entwickelung, welche die ägyptische Alterthumsforschung in den seit ihrer Begründung verflossenen Decennien genommen, andere Nationen ganz ebensoviel mit geholfen haben, wie Frankreich. Wohl kann Frankreich mit Recht stolz sein auf seinen Champollion und hat heute noch einen Emmanuel de Rougé, Chabas und Mariette, von denen die beiden ersteren durch eine Reihe ausgezeichneter Arbeiten unsere Kenntniss des ägyptischen Alterthums wesentlich gefördert haben, und der letztere namentlich durch seine mit ebensoviel Umsicht als Glück unternommenen Ausgrabungen in Aegypten, die er, Dank dem Interesse, welches der jetzt regierende Kedive für die grosse Vergangenheit seines Landes beweist, im Auftrage desselben, und mit allen nur wünschenswerthen Mitteln ausgerüstet, im ausgedehntesten Maassstabe dort vorzunehmen in der Lage ist, und ebenso haben noch die Herren Devéria Prisse und Maspero, Jacques de Rougé, Pierret, Buchère und Baillet durch eine nicht unerhebliche Zahl vortrefflicher Arbeiten sich hervorgethan, aber auch andere Nationen haben verdienstvolle Repräsentanten in der ägyptischen Forschung aufzuweisen. So hat, um nur einige der hervorragendsten hier namhaft zu machen, England einen Birch und die beiden unübertroffen dastehenden Meister in der Interpretation altägyptischer Texte: Goodwin und Renouf, auch die Herren Bonomi, Sharpe und Hincks dürfen dort nicht unerwähnt bleiben, vor denen und zum Theil noch in Gemeinschaft mit ihnen Young und Wilkinson, Howard Vyse, Perring, Harris und andere für die Erweiterung unserer Kenntniss des alten Aegyptens mit Eifer und Erfolg thätig waren, in Italien zeichneten sich aus Peyron, der so bedeutende Kenner der koptischen Sprache, Belzoni, Rossellini und Salvolini, und sind heute die Herren Rossi und Lumbroso bemüht, unserer Wissenschaft Dienste zu erweisen; von Leyden aus erhalten wir durch den

Director der dortigen Museen, den auf den verschiedensten Gebieten der Kunst so bewanderten Herrn Leemans und den so eifrig thätigen Herrn Pleyte immer eine werthvolle Publikation nach der andern, in der Schweiz können wir Herrn Naville, in Norwegen Herrn Lieblein als Vertreter der in rüstigem Fortschritt begriffenen Wissenschaft nennen, und Deutschland hat einen Lepsius und Brugsch, die unter den leitenden Grössen der Aegyptologie in vorderster Reihe stehen, und neben denen die Herren Ebers, Lauth, Reinisch und Eisenlohr, an den Universitäten Leipzig, München und Wien, eine die ägyptische Alterthumskunde fördernde Wirksamkeit entfalten. — Auch der so geistvolle Verfasser des bekannten Werkes: „Aegyptens Stelle in der Weltgeschichte", der namentlich dadurch ein so hohes Verdienst sich erworben, dass er durch seine begeisternde Anregung in weiteren Kreisen für die ägyptische Forschung Interesse erweckte, und dem die Vertreter dieser Wissenschaft in alle Zeiten ein dankbares Andenken bewahren werden, Christian Carl Josias Bunsen darf hier nicht unerwähnt bleiben.

In den verschiedenen Disciplinen die Ergebnisse unserer Wissenschaft überblickend, welche, der Reihe nach zu prüfen, Sie im Verlaufe dieser Vorträge noch Gelegenheit haben werden, glaube ich getrost den Ausspruch thun zu dürfen, dass die nichtfranzösischen Vertreter der Aegyptologie in ihren Arbeiten den französischen Aegyptologen in keiner Weise nachstehen. Von Seiten Englands, der Niederlande, Italiens und Deutschlands ist zu Gunsten der Aegyptologie ganz ebensoviel geschehen, als von Seiten Frankreichs, sowohl in Betreff verschiedener auf Staatskosten wie von reichen Gönnern der Wissenschaft nach dem Nilthale ausgerüsteter Expeditionen, als auch in Anbetracht der grossen Menge werthvoller Publikationen, in denen nichtfranzösische Gelehrte die Ergebnisse ihrer Forschungen niedergelegt haben.

Es wird Ihnen gewiss nicht unbekannt sein, meine Herren, welche etwas sonderbaren Ansichten in Betreff der Aegyptologie in Frankreich die herrschenden sind, und diesen gegenüber, die schon wiederholt zu den unerquicklichsten Streitigkeiten Veranlassung gegeben, habe ich hier nicht unterlassen wollen, mit ein paar Worten darauf hinzuweisen, welchen Entwicklungsgang die ägyptische Alterthumsforschung bisher genommen und was in derselben seit den von Champollion anfgestellten Grundgesetzen von dessen Nachfolgern geleistet worden.

Gestatten Sie nun, meine Herren, dass ich Ihnen, bevor wir unsere Wanderungen durch das alte Aegypten antreten, noch in Kürze das Reiseprogramm vorlege. Wir wollen also, soweit es sich eben wird thun lassen, das grosse ägyptische Reich in seiner ganzen Ausdehnung durchziehen. Mit dieser Wanderung wollen wir den Anfang machen, damit Sie fürs Erste Kenntniss erlangen von der Fülle des Ihnen dort zu fernerem Studium vorliegenden Materials, damit Sie vorerst einen Ueberblick gewinnen über die reichhaltigen Archive, deren steinerne Folianten durchzustudiren Sie später bemüht sein werden. So wollen wir denn, von Monument zu Monument vorwärts schreitend, hier in einem Tempel, dort in einer Grabkammer Station machend, durchstreifen das nördliche Delta von Pelusium im Osten bis Rakotis im Westen und, an Saïs und Heliopolis vorbei, uns dann begeben zu den Grabhügeln der alten Könige von Memphis, den Pyramiden von Giseh, Abusir und Saqarah, und vorbei dann noch an denen von Daschur, Lischt und Meidûn, wollen wir nachher westwärts abbiegen nach der Stätte des Labyrinths und zu den Schutthügeln der alten Krokodilopolis in der blühenden Landschaft Fajûm, welche in den hieroglyphischen Inschriften als „das Land des Seees“ aufgeführt wird, so genannt nach jenem zur Bewässerung der betreffenden Provinz, wie man annimmt von einem Könige der 12. Dynastie im 3. Jahrtausend vor unserer Zeitrechnung dort angelegten grossen See, der nachmals unter dem Namen „Mörissee“ zu so hoher Berühmtheit gelangte. Zurückkehrend nun wieder zu den Ufern des Niles, wollen wir unsere südwärts gerichtete Reise fortsetzen über Herakleopolis und Oxyrinchos, an der Stadt des Hermes und den Gräbern von Lykopolis vorbei, zu den Tempeln des Osiris in Abydos und zu dem Heiligthume der Hathor von Dendera. Von hier aus nun nach Osten uns wendend, wollen wir, indem wir die alte Handelsstrasse von Koptos benutzen, ein Stück der arabischen Wüste durchziehen, und auf diesem Wege, vorbei an den Felsen von Hamamât, bis zur Küste des rothen Meeres vorgehen, um dort an dem heute verödeten Strande einige jener alten Hafenplätze aufzusuchen, an denen einst ägyptische und phönizische Kaufleute ihre Waaren austauschten und wo mit Arabiens Kostbarkeiten und Aethiopiens und Asiens Schätzen beladen, Aegyptens heimkehrende Schiffe nach glücklich vollendeter Seefahrt landeten.

Zurück dann wieder gelangt in das Nilthal, wird nun unser nächstes Ziel Theben sein, Theben, die so hochangesehene Capitale des ägyptischen Reiches in seiner ruhmvollsten Epoche, der Mittelpunkt jenes thatkräftigen Pharaonenthums, dessen Glanz nach der glücklichen Befreiung vom fremdländischen Joche nun heller aufleuchtete und weiter hin strahlte, denn jemals zuvor, dessen Macht damals im Süden nilaufwärts sich erstreckte bis weit hinaus über die Grenzen Aethiopiens, und vor welchem im Norden sich beugten die Küsten- und Inselbewohner des Mittelmeeres, welches im Westen gebot über die in Libyens Wüsten sesshaften Völker und das im Osten seine Eroberungszüge ausdehnte bis tief hinein in das benachbarte Asien. Ueber das ganze untere und obere Nubien und einen Theil der noch südlicher gelegenen Negerländer, über Libyen, Cyrenäa und Marmarika, über Arabien und Syrien, Armenien und Mesopotamien, über die meisten der kleinasiatischen Reiche und eine Menge der angrenzenden Inseln scheint damals die weltbeherrschende Macht der in Theben residirenden Könige sich ausgedehnt zu haben.

Dort, an der von Aegyptens ehemaliger Grösse ein so beredtes Zeugniss ablegenden Stätte, wollen wir eintreten in die Hallen jener Riesentempel von Karnak und Luxor, welche des Landes Herrscher in der Zeit ihrer höchsten Machtfülle den Göttern zu Ehren und sich zum bleibenden Andenken errichteten, und hinabsteigen wollen wir gleichfalls da in die nachmals so berühmt gewordenen Grüfte eben dieser Könige, in jene gewaltigen unterirdischen Treppenhallen, Säle und Korridore, welche an Grossartigkeit unter allen Mausoleen der Erde wohl nicht ihres Gleichen haben. Bei einem weiteren Gange dann über den gesammten Todtenacker des alten Theben, wollen wir in Augenschein daselbst nehmen die sehenswerthesten von den Gräbern bei Schech abd-el-Qurnah und Qurnet-Muräi, die im Assassif und in Drah abu-l-Neggah, deren mit bildlichen Darstellungen aus dem Verkehr des bürgerlichen Lebens so reich geschmückten Wände Ihnen eine Menge von Scenen aus dem altägyptischen Volksleben in anschaulichster Weise vorführen werden. — Auch versäumen wollen wir nicht, dort einen Besuch zu machen dem im herrlichen Style der Thutmosiszeit aufgeführten Terrassentempel von Dêr el bah'eri und dem von Sethos I. bei Qurnah errichteten Heiligthume, wie dem unter dem Namen Memnonium bekannten Bauwerke Ramses des Grossen und dem von Ramses III. in Medinet-Habu gegründeten Tempel des Amon.

Nunmehr die Monumente Thebens hinter uns lassend, werden wir jetzt wieder weiter südwärts ziehen, zuerst nach Hermonthis und Latopolis, dann zu dem so überaus lehrreichen, in fast allen seinen Theilen uns erhalten gebliebenen Heiligthume des Horus von Apollinopolis magna und über Eileithyia, Silsilis und Ombos dann nach Syene, der alten Grenzfestung Aegyptens an den Steinthoren des ersten Katarrhakts, berühmt einst durch seinen schattenlosen Brunnen und die das kostbare Material zu Tempelbauten und Statuen liefernden Granitsteinbrüche. Von Syene übersetzend nach der gegenüberliegenden Insel Elephantine, woselbst einst die gleichnamige Capitale des ersten oberägyptischen Gaues sich erhob, wollen wir von dort aus eine Fahrt dann machen durch die Strudel des Krophi und Mophi zu dem landschaftlich schönsten Punkte in ganz Aegypten, zu den Tempelpalästen der Leben spendenden Herrin des Südlandes auf der palmenumkränzten Isisinsel Philae.

Unsere Reise durch Aegypten ist hier nun beendet. Hinter uns liegen die Granitthore des ersten Katarrhakt's, und vorwärts treiben wir nun mit unserem Fahrzeug, zwischen öden, wild zerklüfteten Felsen hindurch, auf den Wassern des in raschem Laufe uns entgegenstürzenden äthiopischen Niles. — Wiederholt werden da auf dieser Fahrt wir landen, um Kenntniss zu nehmen von allen den Beachtung verdienenden ägyptisch-äthiopischen Monumenten, welche dort bald am linken, bald am rechten Ufer des Stromes sich uns zeigen. — Zuerst werden da unsere Aufmerksamkeit fesseln die Monumente von Dêbot Gertasse und Tafis und weiterhin werden dann entgegen uns treten Talmis und Dandur, Pselkis mit dem gegenüber liegenden Tacompso, Korte und Hierosykaminos, Primis und der gewaltige Felsentempel von Abu Simbel, jenes einzig in seiner Art dastehende Werk altägyptischer Baukunst, mit seinen 4 steinernen Giganten zur Seite des Eingangsthores, die nun schon über 3000 Jahre von ihrem Sitze auf die Fluthen des zu ihren Füssen dahingleitenden Stromes herniederschauen, und über deren Häuptern eine noch heute wohlerhaltene Hieroglypheninschrift uns den Namen des Pharao meldet, dessen Bild sie tragen, jenes mächtigen Herrschers, der einst den Riesengedanken fasste, den vom Nil umrauschten Felsen zu einem Tempel hier auszuhöhlen, um durch denselben und in demselben seinen Gott zu ehren und seine und seiner Krieger Heldenthaten der Mit- und Nachwelt zu erzählen.[11]) — Abu Simbel verlassend, werden wir dann hinter dem zweiten Katarrhakt, dem sogenannten grossen von Wadi Halfa, gelangen zu den alten Nilfestungen Semne und Kumme, Σαμινα und Κουμμοι von den Griechen genannt, woselbst, wie in dem noch südlicher gelegenen Soleb, sich die Trümmer uralter Tempel befinden, die vom hochragenden Felsen herniederschauend, von Aegyptens Herrschaft über das elende Aethiopien uns berichten und von eines Amenophis und Thutmosis Macht in einer in nebelhafter Ferne hinter uns liegenden Zeit als glaubwürdige Zeugen uns melden.

Auch zu Lande wollen wir auf dieser Reise ein Stück des alten Aethiopenreiches durchziehen. — Aufsuchend die Trümmer der einst weithin gebietenden Aethiopenresidenz am Gebel Barkal und die Pyramiden von Meroë, die Tempelruinen von Naga und die im Wadi-Safra, werden wir da, von den ehemaligen Sitzen der wilden Blemyer aufbrechend, gelangen in das Gebiet der Rhizophagen und in die grasreichen Steppen der Hylophagen und Spermatophagen am Astaboras, und noch immer weiter nach Süden zu gehend, dann kommen bis ins Land der Struthophagen am Astapus.

Ueberall wollen wir auf dieser ägyptischen und ägyptisch-äthiopischen Reise die uns begegnenden Monumente ins Auge fassen, nicht blos in ihrer Beschaffenheit und ihrem Werthe als Werke der Kunst, nicht blos sie betrachten in Bezug auf die Art ihrer Ausführung, den höheren oder geringeren Grad ihrer Vollendung, nicht blos aufsuchen ihre charakteristischen Merkmale, die als Erzeugnisse dieser oder jener Epoche sie kennzeichnen, sondern vor dem Denkmale stehend, da von demselben aus auch einen Blick zu gewinnen suchen auf die Geschichte jener Zeit, der das uns vorliegende Denkmal seine Entstehung verdankte.

Dies in Kürze das Reiseprogramm für unsere bevorstehenden Wanderungen — und möge es mir gestattet sein, an dasselbe nun noch einen Wunsch zu knüpfen. Gestatten Sie, meine Herren, dass ich die heute zur Begrüssung an Sie gerichteten Worte mit dem Wunsche schliesse, dass es mir gelingen möchte, ein stets zunehmendes Interesse für das ägyptische Alterthum in Ihnen wachzurufen, auf dass der Wunsch, sich in den Besitz alles dessen zu setzen, was über das alte Aegypten zu ergründen, der Forschung bisher gelungen, in Ihnen nicht blos entstehe, sondern auch zur That werde. — Möchte ich recht viele meiner verehrten Zuhörer in einer von Semester zu Semester wachsenden Zahl in den Besitz dieser Kenntnisse gelangen und, also ausgerüstet, und namentlich auch vertraut mit der Sprache der altägyptischen Denkmäler, sie dann nicht blos den Fortschritten unserer Wissenschaft in gerechter Beurtheilung folgen, sondern sie auch selbst den Weg der Forschung mit Erfolg betreten sehen. —

Möchte meinem Wirken an dieser Hochschule es gelingen, den altägyptischen Forschungen eine reiche Zahl von aufrichtigen Gönnern und Freunden zuzuführen, und Schüler den altägyptischen Studien zu gewinnen, die später dann einmal als Meister bei dem grossen Werke des Ausbaues unserer Wissenschaft sich hervorthun.

Anmerkungen.

1) Zu Pag. 3: „Ueber die Resultate der Sprachwissenschaft“ von Max Müller.
2) Zu Pag. 7: „Die Kunst im Zusammenhang der Kulturentwicklung, von M. Carriere.
3) Zu Pag. 9: „Das heutige Aegypten.“ Ein Abriss seiner physischen, politischen, wirthschaftlichen und Culturzustände von Heinr. Stephan,
4) Zu Pag. 9: Brugsch in „Zeitschr. für ägyptische Sprache.“
5) Zu Pag. 11: Lepsius in „Zeitschr. für ägypt. Sprache.“
6) Zu Pag. 14: cf. Birch „On the statistical Tablet of Karnak.“
7) Zu Pag. 15: Dümichen „Historische Inschriften,“ Band I. und E. de Rougé „Sur les attaques dirigées contre l'Egypte par les peuples de la Méditerranée vers le XIV. siècle avant notre ère,“ in der Revue archéol, ebenso: Ad. Holm „Geschichte Siciliens.“
8) Zu Pag. 15: cf. Dümichen „Histor. Inschriften,“ Band I. und II., Chabas „Voyage d'un Égyptien“ und Lauth in den Abhandlungen d. k. bayer. Akademie d. W.
9) Zu Pag. 15: cf. Bernhard Graser „Ueber das Seewesen der alten Aegypter,“ in Dümichen: „Resultate,“ Band I. und Moritz Rühlmann „Allgemeine Maschinenlehre,“ IV. Band, 7. Abschnitt, Capitel 3: „Das Dampfschiff“ nebst einer geschichtlichen Einleitung.
10) Zu Pag. 16: cf. auch Eisenlohr „Der grosse Papyrus Harris.“
11) Zu Pag. 26: Dümichen „Der Felsentempel von Aba Simbel.“

Verzeichniss

der vom Verfasser bisher veröffentlichten Arbeiten:

„Baukunde der Tempelanlagen von Dendera". In einem der geheimen Corridore im Innern der Tempelmauer aufgefunden und mit Uebersetzung und Erläuterungen herausgegeben. 19 Tafeln und 48 Seiten Text. Leipzig 1865. J. C. Hinrichs'sche Buchhandlung. Thlr. 4.

„Geographische Inschriften altägyptischer Denkmäler", 1863 bis 1865 an Ort und Stelle gesammelt und mit Erläuterungen herausgegeben. 2 Bde. 200 Tafeln mit 120 Seiten Text. Leipzig 1865. J. C. Hinrichs. Thlr. 40.

„Altägyptische Kalender-Inschriften". 120 Tafeln Fol. Leipzig 1866. J. C. Hinrichs. Thlr. 40.

„Historische Inschriften altägyptischer Denkmäler. 2 Bde.

1. Band 37 Tafeln Fol. Inhalt: 1) Siegesbericht aus Karnak über den Kampf der Aegypter im XIV. Jahrh. vor unserer Zeitrechnung gegen die Libyer und ihre Bundesgenossen, die Küsten- und Inselbewohner des Mittelmeeres Taf. I—VI.; 2) Das Siegesthor des Königs Ramses III. im Tempel von Medinet-Habu Taf. VII—XXVII.; 3) König Ramses III. mit dem gefangenen Amaru- und Libyerfürsten vor der Thebanischen Trias an der Thür des Schatzhauses im Tempel von Medinet-Habu Taf. XXVIII. und XXIX.; 4) das Schatzhaus des Rampsinit im Tempel von Medinet-Habu Taf. XXX. bis XXXIV.; 5) das Todtenopfer einer ägyptischen Königin im Terrassentempel von Dêr-el-bahĕri Tafel XXXV—XXXVII. Thlr. 12⅔.

2. Band 74 einfache und 6 Doppeltafeln. Grösst. Imper. Fol. Inhalt: Tafel I. — XXII. Darstellungen und Inschriften aus dem Terrassentempel von Dêr-el-bahĕri, behandelnd vorzugsweise die im 17. Jahrhundert v. Chr. von einer ägyptischen Königin, der Schwester Thutmosis III., nach Arabien entsendeten Seeexpedition. (Die Opferliste e auf Tafel V. und die auf Tafel VI. sind zwei Thebanischen Privatgräbern entnommen). Tafel XXIII—XXX. Das derselben Königin dargebrachte Todtenopfer. Festzug der Priester. Tafel XXXI—XXXIV. Einige mythologische Darstellungen und Bau-Inschriften aus den Räumen der 3. und 4. Terrasse dieser Tempelanlage. Tafel XXXV. Die Decke in dem auf der 4. Terrasse befindlichen Grabtempel der Königin, welche hier dargestellt ist in Adoration vor den verschiedenen Stunden des Tages und der Nacht. Tafel XXXV. α die Inschriften zu den Stunden des Tages und der Nacht an der Decke des grossen Saales im Isistempel auf Philae, δ und ε aus Dendera. Tafel XXXV b. Die Löwen an den Aussenwänden der Tempel von Philae, Theben und Dendera mit den dazugehörigen Inschriften. Tafel XXXV c. Inschriften aus den Osiriszimmern auf dem Dache des grossen Hathortempels von Dendera. Tafel XXXV d. Die siebentägige Trauer um den Osiris,

aus einem der östlichen Osiriszimmer auf dem Tempeldache von Dendera mit den dazu gehörigen Stundentexten, nebst einigen bildlichen Darstellungen aus dem grossen Saale. Tafel XXXVI. Inschriften aus dem Thutmosistempel von Medinet-Habu. Tafel XXX a. Inschriften aus dem Thutmosistempel und die an den Fensterwänden der Tempeltreppe von Dendera angebrachten Darstellungen und Inschriften. Tafel XXXVII. Die Namen der von Thutmosis III. überwundenen fremden Völker und Städte, verzeichnet auf einer Tempelwand in Karnak.. Tafel XXXVIII—XL e. Historische Texte aus Karnak und Darstellungen und Inschriften aus Thebanisehen Privatgräbern. Tafel XLI—XLII. Ordensverleihungen unter König Sethos und Ramses IX. Tafel XLIII—XLIV. Darstellungen und Inschriften aus zwei thebanischen Privatgräbern. Tafel XLV. Die Königsliste im Tempel von Abydos. Tafel XLVI—XLVII. Darstellungen und Inschriften aus dem Tempel Ramses III. in Medinet-Habu. Tafel XLVIII. Aufzählung und Beschreibung von Weihgeschenken, Bauten und vorgenommenen Restaurationen in Theben zur Zeit des Königs Thirhaqa. Tafel XLIX—L. Historisch-Geographische Texte aus den Tempeln von Philae Edfu und Dendera. Tafel LI—LIV. Eine Reihe von Inschriften aus Edfu und Dendera, die sämmtlich auf den Nil Bezug haben. Tafel LV—LVII a. Darstellungen und Inschriften mythologischen Inhalts und einige Weih-Inschriften aus Dendera. Tafel LVII b—LVII d. Astronomische Darstellungen und Inschriften aus Dendera, angebracht in einem Zimmer und an der Decke des grossen Saales. Tafel LVIII—LXV. Einige Darstellungen der vorhergehenden Tafeln in der Originalgrösse des Denkmals. Leipzig 1869. J. C. Hinrichs. Thlr. 62²/₃.

„Altägyptische Tempel-Inschriften". 2 Bände.

I. Band: Der Horustempel von Edfu. 113 Taf. Fol. Thlr. 37²/₃.

II. Band: Der Hathortempel von Dendera. 47 Tafeln Folio. Thlr. 15²/₃. Leipzig 1867. J. C. Hinrichs.

„Die Flotte einer ägyptischen Königin" aus dem 17. Jahrh. vor unserer Zeitrechnung und altägyptischen Militär im festlichen Aufzuge, auf einem Monumente aus derselben Zeit abgebildet. Beides zum ersten Male veröffentlicht nach einer vom Herausgeber im Terrassentempel von Dêr-el-bahĕri genommenen Kopie, mit theilweiser Reconstruction, nebst einem Anhange, enthaltend: die unterhalb der Flotte als Ornament angebrachten Fische des rothen Meeres in der Originalgrösse des Denkmals, eine chronologisch geordnete Anzahl von Abbildungen altägyptischer Schiffe und einige Darstellungen und Inschriften aus verschiedenen Tempeln und Gräbern, die auf das Vorstehende Bezug haben. Als ein Beitrag zur Geschichte der Schifffahrt und des Handels im Alterthum herausgegeben. Inhalt: 1) Vorwort, in welchem ein Bericht über die vom Verfasser in den Jahren 1863 bis 65 durch Aegypten, Nubien und dem Sudân unternommene Reise gegeben wird; 2) Erläuterungen zu den mitgetheilten Darstellungen und Inschriften; 3) 33 Tafeln in Imp. Folio, wovon 6 Doppeltafeln und 1 in Buntdruck. Leipzig, 1868. J. C. Hinrichs. Thlr. 37 ¹/₂.

„The Fleet of an Egyptian Queen etc." translated from the German by Anna Dümichen. Leipzig 1868. J. C. Hinrichs. Thlr. 37¹/₂.

„Der Felsentempel von Abu-Simbel und seine Bildwerke und Inschriften", gr. 8, 48 Seiten Text. Berlin 1869. Gustav Hempel. Thlr. $^2/_3$.

„Eine vor 3000 Jahren abgefasste Getreiderechnung." Mit Ergänzung und Berichtigung sämmtlicher an der Tempelwand zerstörten oder fehlerhaft eingemeiselten Stellen in ihrem Zusammenhange erklärt. Berlin, 1870. J. A. Stargardt. Thlr. $^2/_3$.

„Resultate" einer auf Befehl Sr. Majestät des Königs Wilhelm I. von Preussen im Sommer 1868 nach Egypten entsendeten archäologisch-photographischen Expedition.

I. Theil. Inhalt: 1) Vorwort und einige Erläuterungen zu den mitgetheilten Darstellungen und Inschriften, vom Herausgeber; 2) „Ueber das Seewesen der alten Aegypter" von Bernhard Graser; 3) Einige Bemerkungen zu den mitgetheilten Thierdarstellungen von Robert Hartmann; 4) 57 Tafeln Fol. (45 einfache und 12 Doppeltafeln), bildliche Darstellungen, nach Copien des Herausgebers. Berlin, 1869. Alexander Dunker (jetzt Gebr. Pätel). Thlr. 25.

II. Theil: Die Photographischen Resultate. 73 Tafeln Quer-Folio mit 44 Seiten Text. Inhalt: 1) Vorwort; 2) Uebersicht der Tafeln; 3) Erläuterungen zu den einzelnen Aufnahmen; 4) 73 Aufnahmen, welche von den Mitgliedern der Expedition: Dr. Vogel, Dr. Fritsch und Dr. Tiele gemacht wurden. Berlin, 1871. Kunstverlag von S. P. Christmann. Thlr. 60.

In der von Prof. Dr. Lepsius herausgegebenen „Zeitschrift für ägyptische Sprache und Alterthumskunde."

„Namen und Eintheilunng der Stunden bei den alten Aegyptern" mit einer hierogl. Tafel. Januarheft 1865.

„Zwei seltsame kalendarische Angaben aus Ptolem-Römischer Zeit." Juli- und Augustheft 1865.

„Drei Vermuthungen, bestätigt durch die Inschriften Edfu's und Dendera's." Decemberheft 1865.

„Altägyptische Kalenderstudien." Januar- und Februarheft 1866 und Februarheft 1867.

„Ueber die Silbe men" in dem hierogl. Schriftsystem. August-, September-, October- und Novemberheft 1866 und Januarheft 1867.

„Ein graphischer Scherz aus einem der geheimen Corridore des Tempels von Dendera," mit hierogl. Tafel. Septemberheft 1867.

„Ueber eine hieroglyphe Gruppe, den Messstrick der alten Aegypter bezeichnend. Juniheft 1868.

„Ueber die Götter der 4 Elemente." Januarheft 1869.

„Die Säle und Zimmer im Tempel von Dendera," mit einer Tafel. August- und Septemberheft 1869

„Bauurkunde der Tempelanlagen von Edfu," mit 2 lithogr. Tafeln. Januarheft 1870, März-Aprilheft 1871 mit 2 lithogr. Tafeln; Juli-Augustheft 1871, September-Octoberheft 1871, März-Aprilheft 1872, September-Octoberheft 1872.

„Einige Bemerkungen zu der Abhandlung des Herrn Professor Lepsius: Ueber die Metalle in den ägyptischen Inschriften". März-Aprilheft 1872 und September-Octoberheft 1872.

STRASSBURG, DRUCKEREI VON FR. WOLFF. — 370.

FSC
www.fsc.org
MIX
Papier | Fördert
gute Waldnutzung
FSC® C083411

Kolibri 360 GmbH
Ferdinand-Jühlke-Straße 7
99095 Erfurt, Deutschland
produktsicherheit@kolibri360.de